兴林富民实用技术丛书

图说香榧实用栽培技术

浙江省林业厅 组编

浙江科学技术出版社

图书在版编目(CIP)数据

图说香榧实用栽培技术/戴文圣主编. —杭州：浙江科学技术出版社，2009.12(2020.11 重印)
(兴林富民实用技术丛书/浙江省林业厅组编)
ISBN 978-7-5341-3737-2

Ⅰ.图… Ⅱ.戴… Ⅲ.香榧—果树园艺—图解 Ⅳ.S664.5-64

中国版本图书馆 CIP 数据核字(2009)第 224441 号

丛 书 名　兴林富民实用技术丛书
书　　名　**图说香榧实用栽培技术**
组　　编　浙江省林业厅

出版发行　浙江科学技术出版社
杭州市体育场路 347 号　邮政编码：310006
联系电话：0571-85152719
E-mail：zkpress@zkpress.com
排　　版　杭州大漠照排印刷有限公司
印　　刷　杭州下城教育印刷厂
经　　销　全国各地新华书店

开　　本　880×1230　1/32　印张 2.625
字　　数　66 000
版　　次　2009 年 12 月第 1 版　2020 年 11 月第 13 次印刷
书　　号　ISBN 978-7-5341-3737-2　定价 11.00 元

责任编辑　詹　喜　　**封面设计**　金　晖
责任校对　顾　均　　**责任印务**　叶文炀

《图说香榧实用栽培技术》编写人员

主　　编　戴文圣

副 主 编　黎章矩　喻卫武

编写人员　（按姓氏笔画排列）

朱永淡　吾中良　吴家胜　何德汀　张　敏

骆成方　符庆功　喻卫武　程晓建　童品璋

黎章矩　戴文圣

前　言

香榧是我国特有的珍稀干果,因其营养丰富,风味独特而蜚声海内外。浙江省是香榧主产区,目前集中分布在会稽山区的诸暨、绍兴、嵊州、东阳、磐安等县(市),年产1000余吨。由于资源少,产品供不应求,市场价格居高不下,每千克香榧的售价在200元左右,亩产值高达15000元,成为目前经济价值和栽培效益最高的树种之一,被产区农民称为“摇钱树”、“绿色银行”。

香榧是榧树中的优良变异类型经无性繁殖培育而成的优良品种,在我国已有1000余年的栽培应用历史,但由于原产地分布狭窄、总量有限,没有引起大家足够的重视。20世纪30年代后,有人逐步开展了香榧现代科学研究和规模发展工作,由于科研力量有限以及对香榧特性的认识不足,致使香榧的生产发展和科研工作进展缓慢,至今介绍香榧培育的资料和专著仍很少。随着人民生活水平的不断提高,市场对香榧产品的需求与日俱增,山区农民已把香榧作为发展山区经济、调整产业结构的首选树种,浙江省林业厅作了以“香榧南扩”、“香榧西进”为重点工程的香榧产业发展规划,新一轮香榧产业发展已经拉开了序幕。为了适应当前香榧产业蓬勃发展的形势,服务于香榧扩大栽培和科学管理,浙江省林业厅组织我们编写了《图说香榧实用栽培技术》一书,本书的编写出版无疑对普及香榧培育知识以及推广香榧栽培实用技术具有重要的现实意义。

本书针对当前香榧生产中存在的造林成活率低、生长慢、结实迟这三大问题，在介绍香榧的栽培特点、生长结实特性、适生条件的基础上，重点介绍了香榧的苗木培育、基地营建、抚育管理、病虫害防治、采收与种实处理等关键实用新型技术。本书既保持了系统性和完整性，又突出了通俗性和实用性；既吸收了最新科研成果，又总结了以往生产经验；既有文字介绍，又有图片说明，是一本非常适合广大香榧种植者阅读的科普读物和实用技术手册。

由于编者水平有限，书中疏漏和不足之处在所难免，恳请广大读者批评指正，以便今后修订、完善。

编　者

2009年10月

序

林业是生态建设的主体,是国民经济的重要组成部分。浙江作为一个“七山一水二分田”的省份,加快林业发展,建设“山上浙江”,对全面落实科学发展观、推动经济社会又好又快发展,对促进山区农民增收致富、扎实推进社会主义新农村建设,对建设生态文明、构建社会主义和谐社会都具有重要意义。

改革开放以来,浙江省林业建设取得了显著成效,森林资源持续增长,林业产业日益壮大,林业行业社会总产值位居全国前列。总结浙江林业发展的经验,关键是坚持了科技兴林这一林业建设的基本方针,把科技作为转变林业发展方式的重要手段,“一手抓创新,一手抓推广”,不断增强现代林业的科技支撑。我们要认真总结经验,在进一步深化改革、搞活林业经营体制机制的同时,继续把科技兴林作为发展现代林业的战略举措,坚持林业科研与生产的有效结合,强化应用技术研究,加快科技成果转化,不断提高林业生产效率、经营水平和经济效益,推动现代林业又好又快发展。

为进一步加快林业先进实用技术的普及和推广应用,浙江省林业厅组织有关专家编写了这套《兴林富民实用技术丛书》。本套丛书突出图说实用技术的特点,图文并茂,内容丰富，具有创新性、直观性，通俗易懂，便于应用，适合于林业技术培训需要，是从事林业生产特别是专业合作组织、龙头企业、科技示范户以及责任林技人员的科普读本、致富读本。相信这套丛书的编写出版，对于发展现代林业，做大、做强具有浙江优势的竹木、花卉苗木、特色经济林等林业主导产业，提高农民科技素质具有积极作用。希望浙江省各级林业部门用好这套丛书，切实加强以林业专业大户、林业企业经营者和专业合作组织为重点的林业技术培训，提高广大林农从事现代林业生产经营的技能，为全面提升林业的综合生产能力和林产品的市场竞争力，走出一条经济高效、产品安全、资源节约、环境友好、技术密集、人力资源优势得到充分发挥的现代林业新路子提供服务、作出贡献。

浙江省政协主席 周国富

2008年6月

六、香榧的抚育管理

七、香榧病虫害防治

一、香榧的发展前景

（一）香榧的起源

1. 香榧的起源

香榧是从榧树自然变异中选出的优良类型或单株经嫁接繁殖栽培的优良品种。其显著特点是籽形细长，种壳花纹细密较直；种仁皱褶浅；炒制后易脱衣；食之香酥甘醇、松脆可口。

香榧干果

香榧脱衣后的种仁

榧树种内变异复杂，其中不乏品质达到甚至超过香榧的优良类型。在榧树内选优还具有很大潜力。

榧树种内种子形状变异情况

2. 香榧的栽培历史

据历史考证，香榧起源于唐代，推广于宋代，元、明、清时期得到大规模发展，栽培历史已有1000年以上，历史悠久。

名称	“彼”、“披”	榧子、榧实：实生繁殖——榧子、圆榧、木榧、粗榧；嫁接繁殖的良种：玉山果、蜂儿榧			细榧	香榧
时代	汉至三国	南北朝至唐初	唐代前期	两宋	元、明	清代中期

香榧的栽培历史

3. 香榧的主产区

浙江省会稽山区是香榧的发源地和集中产地，分布狭窄，资源总量极其有限。目前，香榧主产区仅有诸暨、绍兴、嵊州、东阳、磐安等地，年总产量为1000吨左右。

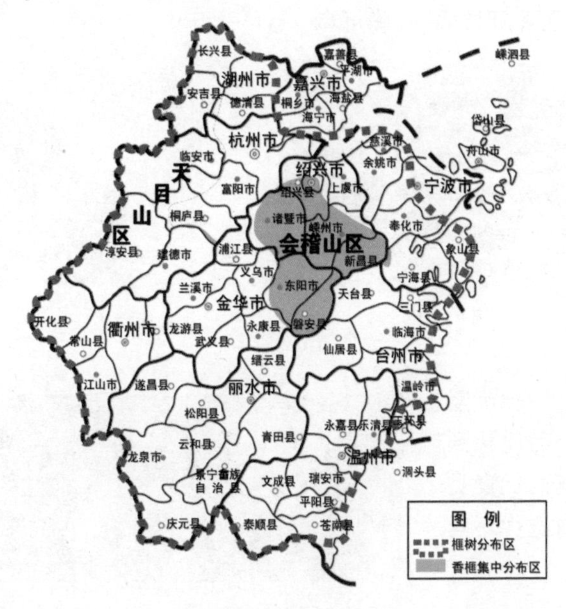

香榧主产区分布示意图

(二) 栽培价值

1. 食用价值

(1) 香酥甘醇、风味独特。香榧为我国特有的珍稀干果,炒食香酥甘醇、松脆可口,风味独特,曾为贡品。香榧现已享誉海内外,成为深受消费者欢迎的特色干果。

(2) 营养丰富,具有保健功效。香榧种子含油率高达54.62%~61.47%,含有7种脂肪酸,其中油酸、亚油酸含量达79.41%;种仁蛋白质含量13%左右,含有17种氨基酸,8种人体必需氨基酸香榧中具有7种;含有19种矿物元素,钾、钙、铁、锌、硒等重要元素含量丰富,特别是钾含量达0.70%~1.13%,在各种干果中含量最高;含有多种维生素,其中维生素D_3、烟酸、叶酸含量极其丰富。

现代医学研究证明:油酸、亚油酸具有降低血脂和血清胆固醇的作用,有软化血管、促进血液循环、调节内分泌系统的疗效;钾元素在维护心脏功能、参与新陈代谢以及降低血压等方面功效突出,还有助于调节感情、减少中风症的发病率;烟酸、叶酸具有帮助消化、滋润皮肤,起到美容的功效。因此,香榧不仅营养丰富、风味独特,而且还是一种不可多得的保健干果。

2. 栽培效益

(1) 市场价格高。香榧是我国特有的珍稀干果,由于资源少,产品供不应求,市场价格一直居高不下,近五年的市场价格一直在每千克120~200元,是目前价格最高的干果。

香榧幼树结果状况

(2) 经济效益好。浙江省会稽山区有结实香榧树16.2万株,其中50年生以上

大树约有10.5万株，新投产树5.7万株，大年年产香榧1200吨，大树平均株产香榧9.14千克，产值为每株1000~1600元；高产单株产籽150千克，产值2万余元。浙江省诸暨市赵家镇钟家岭村有11260株投产香榧树，其中大树5461株，近年年产香榧100吨，平均株产11.88千克，株产值1200元以上；全村香榧收入户均为34800元，人均9000元以上。所以，在香榧产区就有"一年香榧丰收，三年吃穿不愁"的佳话。

15年生香榧树结实情况

近年来试验证明：用2年生砧木嫁接培养2年的香榧苗木（即2+2苗木）造林，4~5年可挂果；10年生香榧树每公顷产籽300千克，产值3万元左右；20年生每公顷产籽1600千克，产值12~16万元。

(3) 全身都是宝。香榧木材材质致密，纹理通直，花纹美观，气味芳香，软硬适中，不翘不裂，是重要的家具和工艺用材；树皮含单宁，可提炼工业栲胶；假种皮含26种芳香物质，是提取高级芳香油和浸膏的特异天然原料。香榧全树均具有重要的开发利用价值。

3. 生态效益

(1) 景观效果好。香榧四季常绿、生机盎然，树姿壮美、细叶婆娑，是一种很好的景观生态树种。

香榧林的生态景观

(2) 生态功能强。香榧幼苗、幼树耐阴，造林可以不破坏或少破坏原有植被，特别适宜在疏林下种植，是低价值林分改造的优良树种。

低价值林分

香榧树冠浓密，叶面积指数高，林下落叶层厚，而且树叶不含树脂，容易腐烂，对涵养水源、改良土壤都有重要意义。

(三) 发展前景

1. 市场前景好

全国香榧的主产区是浙江省，浙江省的产量在丰产年也仅1500吨左右，只有山核桃产量的1/8，板栗产量的1/20。当前，许多干水果都面临市场饱和问题，不得不由量的扩增转入质的提高阶段，只有香榧还有较为广阔的发展空间。20世纪90年代以前，浙江省香榧年均产量仅350吨左右，价格

为每千克40~80元，现在产量上升到1000吨以上，价格上升到每千克100~200元。因此，香榧供不应求的局面将持续相当长的时间，广大种植户不用担心香榧的栽培效益和市场销路问题。

2. 自然条件优

(1) 气候条件适宜。浙江省是香榧的自然分布区和发源地，栽培历史悠久。明代以来，浙江省的许多府、县志都有关于榧子的记载，说明在浙江省古代早有榧树分布，证明浙江省气候适宜香榧的生长发育。

香榧高接换种

(2) 榧树资源丰富。浙江省是榧树资源保存最好、数量最多的省份，全省共有野生榧树59.73万株(胸径6厘米以上)。近年实践证明，利用野生榧树高接换种4年就可投产。因此，合理利用丰富的榧树资源是迅速提高香榧产量的重要途径。

(3) 发展区域广阔。香榧喜温暖、湿润，一般在冬无严寒、夏无酷暑的低山丘陵地区生长。香榧多生长于凝灰岩发育的土壤，生长于由石灰岩、紫砂岩及玄武岩发育的、矿物元素较丰富的土壤上的香榧品质最好。浙江省海拔100~800米的低山丘陵资源多，凝灰岩、紫砂岩、石灰岩面积大，因此适宜香榧发展的区域广。

3. 扶持政策好

近年来，“三农”问题得到高度重视，调整农业产业结构、发展效益农业、增加农民收入已成为各级政府工作中的重中之重。发展香榧已受到山区市、县政府和林业部门的高度重视，相关部门纷纷出台扶持政策，调动群众发展香榧的积极性。如今，浙江省已形成了种植香榧的热潮。

二、香榧的生长结实特性

（一）香榧的生育特性

1. 投产期限

嫁接香榧生长和结实的快慢，因砧木大小和管理水平好坏而异。2年生砧木嫁接苗，一般4~5年开始挂果(少数2年挂果)，15年后达盛果期。砧木越大，接后生长和结实越快。8~10厘米大砧嫁接，一般3~4年挂果，10~12年生进入盛果期。大砧就地嫁接，抽枝年生长量达60厘米以上，一般5~6年可形成完整树冠。

2. 结实寿命

香榧寿命极长，经济寿命可达数百年以至千年以上。浙江省会稽山区香榧产量的90%来自50年至数百年生的大树，500~1200年生大树也仍结实累累。在会稽山区，300~500年生株产200千克以上果实的大树随处可见，所以种植香榧一旦投产，可长期得益。

有1300多年树龄的诸暨香榧王仍枝繁叶茂、硕果累累

（二）根系的生长特点

1. 根系的结构

香榧属浅根性树种，根系皮层厚，表皮上分布多而大的气孔，具有好气性。香榧只在幼年期有明显的主根，随着树龄增长，侧根分生能力增强，生长加速，主根生长受到抑制。进入盛果期后，由骨干根、主侧根和须根组成发达的水平根系，主根深仅1米左右。

香榧移栽苗木的根系

2. 根系的分布

根系的水平分布为冠幅的2倍左右，多的可至3~4倍；根系垂直分布多在70厘米深土层内，少数达90厘米，密集层在离地表15~40厘米范围内。在荒芜板结或地下水位高的林地，根系上浮，多密集于地表，林地深翻能促使根系向深、广方向发展。

3. 根系的生长

香榧根系周年生长，无真正的休眠期。全年生长有3个高峰期：第1个高峰期在3月上旬至4月下旬，时间短，生长量小；第2个高峰期在5月中旬至6月下旬，新根多，生长旺；第3个高峰期在秋季种子收获前夕至隆冬，这段时间由于地上部分生长发育基本停滞，又逢10月小阳春天气，光合产物能较多的供应根系生长，因此新根量多，生长旺盛，历时也最长(8月中旬至翌年2月初)。

根系再生力强，一旦断根，能从伤口的愈伤组织中产生成簇的新根，且粗壮有力。

在根系生长高峰期的后期，多数须根尖端发黑自枯，随即在自枯部位的中后部萌发新的根芽，相继进入下一个生长峰期。如此周而复始，不断分叉，形成庞大的网络吸收根群。

（三）枝芽的类型与生长特点

1. 芽

(1) 根据芽的着生位置可分为定芽与不定芽。

① 定芽。定芽着生于1年生枝顶，常3~5个成簇，中间1个为顶芽。顶芽体积明显大于其他芽，抽生延长枝；其余为顶侧芽，抽生顶侧枝。

② 不定芽。不定芽主要产生于老枝条节上及其附近；1年生枝条节间也有隐芽原基，受刺激后也可产生不定芽，但为数较少。

香榧枝条的顶芽、顶侧芽(定芽)

香榧多年生枝条的不定芽

香榧一年生枝条的不定芽

(2) 根据芽的性质可分为叶芽与混合芽。

① 叶芽。抽生营养枝的芽即为叶芽。

香榧的叶芽萌发

② 混合芽。发育成结实枝的芽即为混合芽。混合芽一般由顶侧芽分化而成,生长势弱的下垂枝顶芽也可发育成混合芽,形成结实枝丛。不定芽抽生的枝条,部分当年就可以分化成雌花芽。部分生长旺盛的枝条叶腋间的隐芽当年也可分化成花芽,在幼树和苗木的夏梢上比较常见。

香榧的混合芽萌发

生长旺盛的枝条叶腋间的隐芽当年可分化成花芽

2. 枝

(1) 枝条特点。

① 香榧抽梢次数少。香榧除幼苗和幼树一年能抽生春、夏、秋梢等2~3次外,盛产期的香榧树一年只抽一次春梢,生长较为缓慢。

香榧树一年一般只抽一次春梢

香榧侧枝下垂生长,枝条变短、变细

② 香榧发枝率越高,枝条生长越细弱。生于主枝上的一级侧枝长度多在20厘米以下,粗度在3毫米左右;二级侧枝长6~10厘米,粗度2~3毫米;三级以上的侧枝群长度仅1.1~8厘米,粗度只有0.8~2毫米。

③ 侧枝的生长势与结实能力密切相关。随着枝条粗度的下降,结实能力也下降。枝粗2~2.5毫米的1年生枝,果枝率达100%, 平均每枝小果数5.28个;1~2毫米的枝条,果枝率为48.97%,每枝小果数为2.43个;而枝粗1毫米以下的枝,果枝率和每枝小果数分别为18.18%和0.38个。

香榧枝背上抽发更新枝

(2) 落枝特性。香榧下垂枝由于营养和激素不足,生长势逐年下降,多数在4~6年内、结实1~2次后,枝条基部产生离层,整枝脱落。同时在枝条开始下垂时,

香榧老枝不断脱落，新枝不断更新

于下垂枝所在的节上产生不定芽，抽发更新枝（次生侧枝）以代替脱落的枝条。

由于老枝不断脱落，新枝不断更新，所以在一个枝节上分布有不同年龄的枝梢，枝龄从1~12年生都有，说明下垂的侧枝组，最长寿命可达12年。通过自然脱枝、萌发更新枝，来保持结实枝组的相对年轻化和旺盛的结实能力，是香榧有别于其他树种的独特性状。

（四）香榧的开花结实习性

1. 花芽分化

(1) 雌花芽分化。香榧混合芽上雌球花原基产生于当年11月初，在此之前，混合芽与营养芽在形态上没有区别。11月上旬雌球花原基出现后到次年4月中旬开花时，雌球花经珠托、苞鳞、珠鳞、珠心、珠被分化发育阶段进入开花期。裸子植物的花芽分化期以雌、雄球花原基出现为标记。因此，香榧雌球花分化时期应为当年11月上旬至次年4月中旬，历时160天左右，主要在冬季进行。

(2) 雄花芽分化。雄榧树的雄花芽为纯花芽。雄球花原基于6月中旬在当年生枝条的叶腋间形成。8月中下旬，雄球花中轴迅速伸长。9月中上旬，小孢子叶原基迅速分化成小孢子叶，并于小孢子叶基部外侧形成乳突状花粉囊。9月下旬至10月上中旬造孢组织进行有丝分裂，形成大量花粉母细胞。10月下旬，花粉母细胞减数分裂，进入四分体初期，直到次年3月中旬均

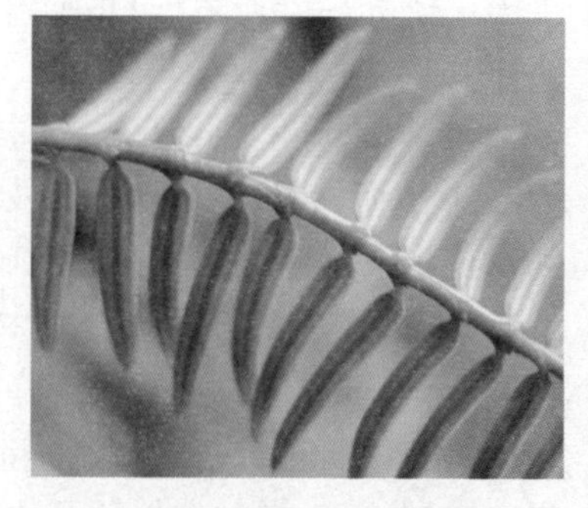
雄榧树枝条叶腋出现雄球花原基

处于四分体时期。次年3月底到4月上旬，四分体形分离，形成单核花粉；4月中旬，花粉囊的绒毡层已大部分被吸收，只留下药室的外壁，二核花粉粒全部形成，等待雄花开放散粉。

2. 枝梢生长

由混合芽抽生的结果枝于3月中下旬抽生，至4月上、中旬生长结束，4月中旬开花；叶芽抽生的营养枝于4月上旬萌发，5月中下旬生长结束，抽生时间比混合芽迟10~15天。根据3月中下旬从树冠上抽生的淡黄色结果枝多少，可预测当年结实多少和来年产量的丰歉。

香榧混合芽比叶芽萌发早

3. 开花授粉

(1) 雄花开放。雄榧树花期有早、中、晚之分，大多于次年4月中下旬花器成熟始花，至5月上旬花粉基本散尽，单株花期仅2~3天，全林花期历时15~20天。榧树花粉粒小、黄色，晴天随气流传播可达数10千米之远。在常温下贮藏，可保持生活力20天左右。

榧树雄花发育成熟

雄花开始散粉

雄花粉散尽

雌花开放时,传粉滴出现

(2) 雌花开放。香榧雌花于4月中旬在雌花珠孔处出现圆珠状的传粉滴时即表示性成熟，一般在结果枝展叶后4~5天。始花时传粉滴形小,如不予授粉,传粉滴会随时间推移而增大，明亮且有黏性，经9~11天后，渐次缩小,色渐深,亮度减弱,直至黄褐色干缩。单株花期15~20天。

香榧为风媒花,无柱头,传粉滴是花粉的接受者和引导者,传粉滴的有无是能否授粉的重要标志。传粉滴的出现与天气状况关系密切,天气晴暖则花期缩短,低温多雨则花期延长。

(3) 辅助授粉。人工辅助授粉是当前解决产区雄花资源不足,保证香榧高产稳产的重要措施之一。主要基于:

① 香榧有等待授粉的习性,在整个花期中,只要有传粉滴出现,人工授粉都有效果。

② 花期如遇多雨天气,授粉条件不良,需要补充授粉。

③ 雄树比例不足。

4. 落花落果

(1) 落花。在开花后的10~30天内,雌球花发黄,相继脱落,时间在5月中旬至6月上旬,落花量约占雌球花总量的25%。

(2) 落果。落果期为前年形成的幼果在当年开始膨大期的5~6月,落果量占幼果总数的80%~90%,对产量影响极大,再加上前一年25%的落花率,所以从雌球花到最后成熟种子的百分率仅为11%左右。

根据观察研究,第一次落花的主要原因为授粉不足,因产区雄榧树多被砍伐或改接香榧,现保留的雄榧树只占香榧总株数的1%~2%,再加上分布不均、花期短,如遇花期多雨,则授粉受精不良。在产区有一些缺少雄株

的香榧林或背风山坡、不通风的山谷，在那里香榧曾长期不结实，20世纪90年代中期开始人工辅助授粉后，这些香榧林才开始结实。

第二次幼果脱落主要是由营养、激素不足等生理原因造成，主要表现为老树、弱树落果多于壮年树。5~6月果期如遇长期阴雨，则引起大量落果，因为此时正是新梢发育充实和幼果膨大进入速生期的时候，香榧树需要大量营养，如连遇阴雨天气，光合产物便不足，再加上林地积水、通气不良，这些都会影响幼根生长。幼根是合成细胞分裂素的主要场所，营养不足，细胞分裂素合成就会受阻，最后导致果柄离层形成，果实大量脱落。

早春如遇寒潮，气温变幅很大，香榧树大量落叶也会引起幼果大量脱落。2005年3月中上旬，产区（即浙江省会稽山区的诸暨、绍兴、嵊州、东阳、磐安等地）降雪3次，气温日变幅为-2℃~16℃，引起大树大量落叶。在主产区诸暨赵家镇及嵊州谷来镇一些海拔较高的山村，40%以上的结果大树树叶凋落30%~100%，凡落叶率在50%以上的树，幼果全部落光，导致这些地方的香榧减产1/3~1/2。但这样的灾害天气仅几十年一遇，当年新抽生的营养枝和结实枝均不会落叶落花。

香榧细菌性褐腐病也是香榧落果的重要原因之一，20世纪90年代以来，通过在3~5月喷施药剂防治，效果明显。

香榧幼果有既不膨大也不脱落，最后成僵果的现象。在结果枝的成熟种蒲基部往往有1至数个僵果，在两年内不会脱落，其形成机理尚不清楚。

香榧的僵果

5. 种子发育

(1) 缓生期。即从去年5月初到当年4月底的幼果期，历时1年，幼果全部包埋于苞鳞和珠鳞之中。幼果体积由最初的长0.5~0.6厘米，宽0.3~0.4厘米到最后的长0.6~0.65厘米，宽0.4~0.45厘米，增长甚微。

(2) 速生期。由当年5月初幼果从珠鳞中伸出至6月底果实基本定型，为果实体积增长的旺盛期，历时约两个月。其中5月中下旬的15~20天内增长最快，体积增长量占总体积的70%~80%。在速生初期种子内部为液体状，至6月中下旬种仁变凝胶状并逐步硬化。

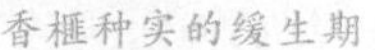
香榧种实的缓生期

香榧种实开始进入速生期

(3) 充实期。6月底至9月上、中旬为种子内部充实期，历时70~80天。此期种子体积无明显变化，光合作用的产物主要用于种仁发育和内部物质积累。此期在种子外部形态上产生一系列变化，光滑的假种皮表面出现棱纹，外表产出一层白粉，肉质的假种皮内出现纤维质，种柄由绿色变成褐绿色；种仁衣（内种皮）由淡黄变成淡紫红色，种仁进一步硬化，表面出现微皱。

香榧种实的充实期

(4) 成熟期。香榧品种种子成熟期比较稳定一致，一般在白露至秋分之间的9月中上旬。种子成熟的特征为假种皮由绿色变为黄绿色或淡黄色，并与种核分离，假种皮开裂露出种核，少量榧果落地，即为成熟采收适期，其成熟期比实生榧早。

香榧假种皮开裂(成熟期)

6. 胚胎发育

榧树花粉落于传粉滴上并随之带入胚珠的贮粉室内，经花粉萌发，精子形成至8月中旬才开始受精。

香榧胚的发育从开花授粉到胚发育完全需跨两个年度，历时达20个月之久，可大体分三个阶段：

① 第一年受精后胚发育缓慢，当年以原胚越冬。

② 第二年7~8月为后期胚发育阶段，到9月中上旬种子成熟时胚的各种组织和器官原基已基本分化，但苗端和根冠尚未分化。

③ 种子成熟采收后经层积贮藏，胚的各种组织继续分化发育，到11~12月，完成胚的最后分化，成为成熟胚，此时种子才有发芽能力。

三、香榧的适生条件

（一）气候条件

香榧在温暖、湿润、光照充足的立地条件下生长结果良好。以中心产区浙江省诸暨市为例，年平均气温16.5℃，年降雨量1600毫米，以5~7月为多，初霜期在11月上旬，终霜期在3月下旬，年积温4600~4800℃。但在重点产区赵家镇600~800米海拔的钟家岭、骆家尖等地，年平均气温不足15℃，年积温不足4000℃，香榧产量和品质却均居产区的前列。因此，在分析相关数据后得出香榧适生气候条件为：年平均气温14.5~17.5℃，年降雨量1000~1700毫米，年绝对低温-8~-18℃，年积温3500（中山丘陵）~6000℃（中亚热带南缘）。在榧树分布的北缘要注意选择温暖、避风向阳的立地条件，在中亚热带的低丘要防止高温干旱和强光照危害。

（二）地形地势

香榧和榧树性喜地形起伏，但相对高差不大、空气湿润、土壤肥沃、无严寒酷暑的立地条件。在分布区的北缘应选海拔600米以下、中亚热带中部海拔800米以下、中亚热带南部海拔1200米以下的立地条件，局部地区如福建省武夷山区可在海拔1500米以下发展。地形起伏不大，海拔300米以下的低丘地区宜选植被保存较好、空气湿度大的山凹，阴坡造林；海拔500米以上应选阳坡，海拔800米以上要选背风（冬季西北风）向阳的小地形造林。土壤瘠薄的山岗和冲风口香榧生长不良，在冬季和晚春遇到干冷

的西北风时，幼苗、幼树易受冻害。林地坡度应在30°以下，陡坡只能块状整地，以利于保护林下植被和水土保持。

香榧适宜的立地条件

在香榧主产区的浙江省会稽山区，海拔100~800米的低山丘陵都有香榧分布，但以海拔300~600米较多，产量和质量也相对较好。由于过去的香榧林全部是由野生榧树改接而成，所以有无野生榧树资源是香榧分布的先决条件。低海拔地区人为活动频繁，榧树资源容易被破坏，再加上立地条件不适于榧树、香榧幼林生长，致使低海拔地区香榧很少，但这不等于说低海拔不能种香榧。海拔300米以下的低丘，只要地形起伏较大，植被保存较好，环境比较阴湿，香榧均能正常生长结实；即使是高温、干旱的低丘，只要在幼龄阶段采取遮阴、灌溉等管理措施使香榧度过幼龄期，提早形成林分环境，香榧就能正常结果。

诸暨市林业科学研究所于1958年在诸暨城郊海拔50多米的红壤低丘上种植实生苗，1960年嫁接，采取遮阴、灌溉、施肥措施，幼林生长良好，20世纪70年代开始结果，如今树高近20米，根径30~45厘米，冠幅7~9米。23株香榧常年产果2500千克，最高年产果3500千克，平均株产152千克，折成株产干籽37.5千克，单株产值3000余元。香榧的年生长量为：树高50厘米以上，冠幅18厘米，根径0.73厘米，其速生丰产性状显著优于山地。

在低丘地区，沟谷、阴坡生长的香榧好于在阳坡、上坡生长的，但结果没有显著差别。种植于海拔500米以上低山香榧的结实情况为：阳坡好于阴坡，坡地好于沟谷。

（三）土壤条件

香榧喜有机质含量高、肥沃、通气，土层厚度在50厘米以上，pH5~7，盐基饱和度较高的土壤。由于香榧喜钾，种仁中含钾量居各种干果之首，所以香榧对土壤含钾量要求较高。香榧根系好气性强，怕积水；土壤过于酸黏、积水，均不适于种植香榧。石灰土，特别是生长于黑色淋溶石灰土上的香榧结实良好，种子品质也优于其他土壤上的香榧。

四、香榧育苗技术

(一) 砧苗培育

1. 圃地育苗

(1) 圃地选择。

① 圃地环境。香榧及榧树幼苗喜阴湿、怕高温干旱和强日照。苗圃地四周森林覆盖率较高,阴湿凉爽的立地条件最适于香榧育苗。在浙江省会稽山区香榧产区的诸暨、绍兴、嵊州等县(市),群众多选海拔300~600米的山区梯田育苗,因气候较凉爽,梯田排水好,所以育苗效果较好。而在高温、强日照的低丘,幼苗常因高温、日灼而死亡,存活的也生长不良。2003~2004年夏季就因高温干旱的天气,不少低丘苗圃的苗木成批死亡。在绍兴平水镇有一育苗户,其实生苗死亡1/2以上,遮阴的2年生嫁接苗,在台风吹倒阴棚后几天,就被晒死了上万株。但在地形起伏较大、植被茂密和空气湿度大的临安市三口镇长明村,虽然海拔高度仅100米左右,但

香榧在山区梯田的育苗效果

香榧育苗期间必须遮阴

历年育苗均生长良好，2003年的大旱年苗木亦未受害。所以香榧育苗地选在海拔较高的高丘、低山比低丘好，在低丘地带育苗必须选择植被保存好、环境比较阴湿的地段，且育苗期间必须遮阴。在海拔600米以上的低山，苗圃地应选阳坡、半阳坡，在有灌溉条件的地方苗木可以不遮阴。

② 苗圃地一定要排水良好。圃地土壤以微酸性的沙壤土为好，pH必须在5以上，酸黏而排水不良的土壤不适宜育苗。香榧的肉质细根一遇积水则烂根。水稻土改作圃地必须开深沟排水，土壤经过1个以上冬季风化。

③ 连作的苗圃地应注意病虫害防治。连作地应用硫酸亚铁(300~400千克/公顷)进行土壤消毒，在苗木生长过程中经常洒石灰、茶籽饼于根际以防治根腐病。香榧苗圃地连作有利于菌根发育和苗木生长，但缺点是病虫害会增多，所以应注意病虫害防治。

(2) 圃地整理。圃地应在入冬时翻耕，以风化土壤、消灭土壤中病虫害，并用硫酸亚铁消毒。酸性土每公顷施1500千克石灰以校正土壤酸度，兼有预防病虫害作用。春季作畦前先用草甘膦、二甲四氯等除草剂消灭圃地杂草，然后将土壤耙平，作东西向畦，宽1.2米，沟深30厘米。排水不良的圃地，中沟及边沟要加深到40厘米。土壤黏重或砂性很强的土壤，在作畦前用腐熟的栏肥，鸡、鸭、兔粪等每公顷60000千克施于地表，再平整土地作畦。

(3) 种子催芽。榧树种子发芽慢、发芽率低，必须采取综合措施才能达到提高发芽率的目的。浙江林学院于2000~2001年开展了不同条件的小规模种子催芽试验，发现种子充分成熟、保持湿度、增加贮藏期温度和适当通

气条件,可促进发芽。在小规模试验基础上,2001~2003年浙江林学院先后在6个育苗地点,结合育苗实践,在圃地用湿沙层积,分别覆单层拱形塑料薄膜和双层塑料棚催芽,以直接播种上覆地膜作对照。每次催芽种子数为150~2250千克,发芽率分次抽查,双层塑料棚发芽率高于单层,单层高于直播。双层塑料棚催芽好的处理,当年发芽率可达80%以上。

双层塑料棚催芽的具体做法:选择排水良好的圃地,先扒开表土约10厘米,形成浅槽,然后撒上石灰消毒;再铺2~3层遮阳纱后,放上经过浸种消毒的榧树种子,厚度在3厘米左右;种子上再覆2~3层遮阳纱,再盖上泥土或沙土约5厘米;在浅槽上面搭一高度为40厘米的塑料拱棚,覆一层塑料薄膜后,最后搭一高度180厘米的拱棚并覆上塑料薄膜。

圃地挖槽并消毒

铺上遮阳纱并放上种子

种子上再覆遮阳纱后盖上泥土或沙土

双层塑料拱棚催芽

双层塑料棚催芽流程图

(4) 种子播种。经催芽的榧树种子，12月底~1月开始发芽，要在春节后的2月上、中旬挑发芽种子第一次播种，未发芽种子继续催芽，3月上旬及4月上旬各播种一次。用于播种的种子以胚根长至0.5~1.5厘米时为宜。

及时拣出发芽种子分批播种

第一批种子出苗率达95%以上，第二批在90%左右，第三批只有70%~80%。经催芽的种子以第一批发芽势最强，所以出苗率最高。3批发芽种子数占整个当年发芽种子数的比例为：第一批占40%，第二批占40%~50%，第三批占10%~20%。在种子充分成熟的前提下，采种后及时处理、保湿、适时用双层塑料棚催芽，保证催芽期间的温度、湿度和通气条件，榧树种子的当年发芽率可达80%左右，比直播和常规催芽方法的发芽率提高50%~100%。中小粒种子播种量为每亩80~100千克，大粒种子每亩为150千克。采用浅播，焦泥灰或圃地细土覆盖，再覆上切碎的稻草或谷壳。播种后15~30天出苗，每亩出苗15000~20000株。

苗期遮阴

(5) 苗木管理。

① 遮阴。种子出苗后及时用透光率为40%~50%的黑阳纱遮阴，9月中旬以后可撤去阴棚。2年生苗梅季结束到“处暑”仍需遮阴。海拔300米以上圃地透光率可适当加大，遮阴时间可适当缩短。

② 施肥。幼苗长高10厘米以上时，每月浇腐熟人粪尿一次或0.5%~1%可溶性复合肥液一次，也可将少量复合肥直

接洒于根际，再轻轻松土使肥土混合，但要防止肥料粘枝叶，产生烧苗，施肥量控制在每亩3~5千克。

③ 排水。在清沟时清出的泥土不能覆在苗床上，否则会引起根系通气不良，严重影响苗木生长。8~9月高温干旱季节要注意灌溉，时间放在早晚。在丘陵地带，遮阴苗木如8~9月遇到台风被吹去阴棚，要及时补救，否则雨后几个晴天就可使苗木大批死亡。

④ 除草。除草工作是花工最多且又最易损伤苗木的工作。据调查，1年生苗木的圃地管理投资中除草支出占70%~80%，除草损伤苗木达10%~25%，特别是小苗和初嫁接的嫁接苗。除抓好整地前的除草剂灭草工作外，苗期的除草工作要坚持除早、除小，并用手拔或小锄除草。

⑤ 防病。雨季和高温、高湿天气容易发生根腐病，除注意排水外，用800~1000倍多菌灵连喷2~3次；8~9月高温干旱季节，在灌溉、遮阴的基础上用800~1000倍多菌灵或甲基托布津喷苗防治立枯病效果良好。在雨季开始前每亩洒施熟石灰25千克，对防治多种苗木病害都有效。

⑥ 除虫。苗期常见地下害虫有地老虎、蛴螬和蝼蛄等，在使用未腐熟的栏肥时最易发生，出现虫情时用1000倍敌百虫液浇地杀灭。

2. 容器育苗

(1) 容器选择。播种苗常用高15厘米，直径12~15厘米的圆筒状塑料容器。播种1粒发芽种子，培养两年后于次年秋季或第三年春季嫁接；再培养1

榧树容器育苗

香榧营养钵 2+1 嫁接苗

年成为2+1嫁接苗便可以上山造林。如培养大苗,则于秋季或早春将2+1苗移植于较大的容器中,2+2嫁接苗容器高25~30厘米,直径25厘米以上,苗木越大,容器也随之加大,一般2+4的大苗多数可以挂果。移苗时间应在阴天或雨后空气湿度大的晴天进行。播种或移植的容器苗可直接置于圃地平整的畦面上,排列紧密,容器间的空隙处填以细土,以利保湿,上搭阴棚以遮阳纱遮阴。

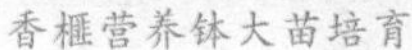
香榧营养钵大苗培育

香榧工厂化容器育苗

(2) 土料配置。香榧喜肥沃通气土壤,营养土应多放有机肥,pH保持微酸性至中性,生产上有下列4种配法:

① 黄泥土50%,鸡粪(干)35%,饼肥15%,钙镁磷1%,分层堆积,经一个夏季腐熟。播种前充分混合打碎,加入少量硫酸亚铁消毒。

② 肥土(菜园土、火烧土等)每立方米加入人粪尿100千克(2担),牛粪100千克(2担)或鸡粪50千克(1担),钙镁磷肥2.5~3.0千克,饼肥4~5千克,石灰1~2千克,充分混合拌匀堆好,外盖尼龙薄膜密封,半个月翻1次,堆沤30~45天。

③ 兰花土(腐殖质土、阔叶林下的表土)50%,黄泥土50%或火烧土50%,按100千克土加入过磷酸钙5千克,草木灰10千克,充分拌匀。

④ 兰花土50%(体积),砻石50%,按土重加入1%复合肥,1%~2%石灰,3%钙镁磷肥,充分混合拌匀。

在营养土配制中要十分重视有机肥特别是饼肥的充分腐熟,在绍兴、临安等地均有因营养土中饼肥未腐熟而发生烧苗事例;其次香榧苗期根腐

病严重,必须进行营养土消毒。消毒方法为：50%多菌灵可湿性粉剂1千克,加土200千克拌匀,再与1立方米营养土混合;按1000千克营养土对200毫升福尔马林与200千克水的混合液混合堆起来，上盖塑料薄膜闷土2~3天,然后揭去薄膜倒堆10~15天,使药味挥发后装钵。

(3) 播种移苗。经催芽的种子,待种壳开裂,胚根伸出至长2厘米以内时最适播种。一般现装土现播种,覆土厚2厘米,为防容器内土壤下沉,装土略高出容器口,呈馒头形。移苗时,先将根系完整的苗木置于容器内,一面填土一面摇动容器,再上提苗木至根颈处略低于容器土表1厘米左右,使根土密接,浇水后土壤下沉再适当补充营养土。移植深度宜浅,根上覆土厚2~3厘米即可。容器苗因营养土预先腐熟和消毒,病、虫、草都较少。施肥以配制的营养液浇施,施用化肥后必须用水冲洗苗木以防肥害。

(二) 苗木嫁接

1. 嫁接方法

香榧育苗的嫁接方法有切接、劈接、挖骨皮接以及贴枝接等。

劈接法是香榧育苗嫁接方法中较常规的。但采取劈接法接的枝条愈合较差成活率较低。

香榧劈接　　　　劈接法愈合较差、成活率较低

香榧枝条细软，一般1年生枝粗仅0.9~4.0毫米，根据试验，对香榧的嫁接以贴枝接为好。贴枝接方法是：接穗基部去叶后，削去3~4厘米长带木质部的皮层，背面再反削一刀；选砧木的光滑部位，削去与接穗同样长短深度较大的切口，插上接穗并用尼龙带绑紧即可。

采用切接、劈接、挖骨皮接等方法嫁接后的包扎

贴枝接优点：

① 接口长，加上穗条细软，绑后砧穗容易密接，愈合好。

② 当年生砧苗秋季嫁接可以不断砧，光合面积增大。

③ 少数不成活的可随时补接。

香榧贴枝接

贴枝接方法愈合好、成活率高、生长快

2. 嫁接时间

采用贴枝接方法，接后不要立即断砧。除4月中旬至6月初的新梢生长期间外，其他月份均可嫁接。浙江林学院于2002~2004年在除去5月和11月~次年1月（低温季节）外的各月嫁接试验中发现，只要接穗新鲜，接后遮阴，成活率均可达80%以上，大多数可达90%以上。

（三）扦插育苗

1. 插穗选择

选取20~30年生，发育健壮，生长旺盛，无病虫害的优株上剪取当年生枝。

2. 插穗处理

插穗长度以15~20厘米、粗度0.3厘米以上为好，除去下部1/2的小叶。

3. 扦插时间

扦插时间在7月上、中旬，此时新梢发育已基本完成，顶芽已形成，茎部半木质化。插后35天开始出现根突。扦插时间太早，枝条木质化程度不高，容易腐烂；扦插时间太迟，不易生根。

4. 扦插方法

扦插苗床选择在土壤深厚、排水良好、背阴湿润的红壤，pH在6.0左右。深挖，细致整地，并用敌克松进行土壤消毒。苗床高20~25厘米，宽1米，扦插的株行距为4厘米×4厘米。扦插时先用圆棒打孔，然后再插，插好后浇透水，搭塑料小拱棚，再搭1.5米高的遮阳棚，前期湿度控制在95%~100%。

（四）大苗培育

香榧嫁接苗或扦插苗的小苗造林成活率低。把小苗经过移栽稀植，培育成大苗就可大大提高造林成活率，还可缩短缓苗期，加快生长与结实。

圃地移栽培育香榧大苗

五、香榧基地营建技术

（一）苗木造林技术

1. 选择合适林地

香榧理想的造林地要求阴凉，空气湿度较大，光照不太强，且排水良好的低山丘陵。在森林植被保存好的小环境，即使是海拔100米以下的平原，香榧生长发育也良好。微酸至中性的黏壤土、沙壤土、紫色土、石灰土等土壤均适宜种香榧，pH5以下的酸黏红壤不经改良，不适宜发展香榧。

因为香榧结果以后要求有充足的阳光，所以海拔400米以上的造林地应选阳坡、半阳坡、阴坡和峡谷造林，密度要小，保持树体有充足的上方光和侧方光；在低海拔的低丘造林，高温、干旱和强日照是影响造林成活、成长的主要矛盾，阴坡、半阳坡和沟谷造林好于阳坡，成林后产量和质量也很少受影响。

香榧造林地的选择

2. 选用优质苗木

以正宗香榧和从实生榧中选出的、经无性系测验的优良无性系苗木作为造林材料。苗木规格以2年生砧木接后培育两年的“2+2”嫁接苗或2年生以上砧木嫁接培养1年以上的嫁接苗，苗高≥45厘米，基径≥0.8厘米为好；也有用2~3年生实生苗造林，成活后2~3年再嫁接。实生苗规格：苗高≥60厘米，根径≥0.8厘米。不论实生苗或嫁接苗都要尽量多保留侧须根，并防止苗木风吹日晒。营养钵苗造林成活率要高于裸根苗。在周围无雄榧树资源的地区造林应配植5%的雄株。雄株可均匀配植，也可较多地配植于来风方向的山脊、山坡上，应多选用花期长、花粉量大的雄株。

香榧造林的大规格苗

实生榧树大苗的根径需满足一定要求

香榧和榧树的营养钵苗

3. 做好苗木保护

香榧为常绿树种，在起苗造林过程中若吸收器官（根系）易受损，而蒸腾器官（枝叶）却完整无损，这样一来水分吸收与蒸腾之间将失去平衡，苗

木会干枯而死。因此,凡是能保护吸收器官,减少蒸腾器官的一切措施都能提高造林成活率。选择阴湿天起苗,每起一捆苗都要及时打泥浆,用尼龙布包扎根系,集中放阴凉地方,最好早晚起苗,连夜运输,苗到后立即造林。造林时临时从尼龙袋中拿一株栽一株,不宜将苗散放在林地任其风吹日晒,以保证根系不受损害;对苗木地上部分适当修剪,特别是实生苗可以重剪以减少蒸腾器官。香榧适宜随起苗随造林,如苗木运到后一时来不及造林,可以将其连包扎袋排放于阴凉湿润的房间内,上盖尼龙布,每天洒水一次,3~5天内影响不大。

香榧起苗时要注意根系保护

裸根苗的保护措施可以提高成活率,仅是对一定苗龄的苗木而言,“2+3”以上嫁接苗必须用容器苗或土球苗上山,3年生以上实生苗也需带土球并对地上枝叶进行重修剪。

香榧大苗带土球上山造林

4. 选好造林时间

低丘地带以秋冬季造林为好,海拔500米以上低山春季造林,宜早不宜迟。造林天气宜选阴湿天气,避开高温、大风和干燥天气。

5. 配套造林技术

营养钵苗要去除营养钵后种植。香榧造林时要浅栽，踏实，上覆松土，不“反山”，保证苗木成活和正常生长。

香榧营养钵苗要去除营养钵

香榧造林时要浅栽

种时泥土要踏实

种后上覆松土

6. 及时遮阴防晒

低海拔地带造林后要及时用遮阳纱遮阴(透光度50%左右)。若是高温干旱年份，即使在高海拔地带，干旱季节也要遮阴和根际覆草降温、防旱。

香榧造林后及时遮阴

香榧在干旱季节应遮阴降温

（二）野生榧树改接技术

1. 嫁接效果

香榧嫁接愈合能力强，成活率高，野生砧木就地嫁接成活率一般在80%以上。接后生长速度与砧木粗度成正比，一般5~10厘米胸径的榧树，嫁接后4年开始结实，6年左右株产鲜果1~2千克，10年生株产10~15千克，15年生进入盛产期，株产30千克以上。砧木越大，长势越旺，嫁接后生长和投产也越快。嵊州市谷来镇袁家岭村何金祥1984年用基径4厘米粗的6年生砧木嫁接，4年开始挂果，12年后株产果25~30千克。临安市三口镇长明村的种植户在20世纪50年代中期利用当地榧树为砧木，从诸暨引来香榧嫁接，40年后最大单株年产果250千克，株产值6000余元；该村农民袁和荣1975年利用当地6~8厘米胸径的榧树嫁

香榧高接换种 30 余年的树形

接香榧2株,4年生挂果,1990年株产30千克鲜果,2000~2005年年平均产果236千克,年均产值9400元,折合单株产值为每年4700元。

2. 嫁接方法

香榧插皮接

(1) 插皮接。在树干1米以下处锯断,在断面上等距离接2~4个接穗,在断面上堆土直至埋没接穗的1/2,周围用竹片固定围成竹篓状,并包以稻草和塑料薄膜保湿,上覆遮阳纱遮阴;在海拔较高、环境较阴湿的林地,嫁接后不堆土和覆盖遮阳纱,而绑以笋壳罩遮阴效果也很好。临安市太湖源镇横渡村(海拔200米左右)2003~2004年用此法在林下就地嫁接800多株,成活率达80%以上。

香榧高枝多头嫁接

(2) 高枝接。在砧木3米处断干,在断面上用插皮接2~3个接穗,3米以下留2~3个主枝截断,根据断面大小选用插皮接、切接或劈接,接后不堆土,只用笋壳遮阴。这种嫁接方法,砧木损伤少、树冠恢复快;缺点是需要的接穗多,嫁接和除萌花工多,而且只能在海拔较高、较阴凉的地方应用。大砧嫁接忌只用一根接穗接于一边,这样常会导致另一边断面不能愈合而枯死;而多枝嫁接有利于断面愈合。

一枝嫁接会使树桩半边枯死

多枝嫁接有利于断面愈合

3. 接后管理

（1）及时遮阴。嫁接后及时遮阴、保湿，是丘陵地带大砧嫁接成活的关键。遮阴只遮上方直射光，在阴湿地方可以用笋壳遮蔽接穗的向阳面。在湿度小、光照强的地方遮阴两年，第三年除去遮阳网；在林下嫁接的2~3年后要除去周围及植株上部其他树种枝条，以增加光照，否则生长不良。

嫁接后要及时遮阴

（2）除萌保梢。榧树萌芽力极强，在断砧嫁接后砧木受刺激会萌生许多枝条，必须及时除萌，第一年可选留1~2根萌生枝作辅养枝，其他全部清除，第2年接穗生长转旺，可全部除去萌条。大砧嫁接，接穗生长很旺，年抽梢长可达40厘米以上，平展或下垂，易受风吹雪压，要及时立支柱绑牢。

大砧嫁接生长快，需及时绑枝

4. 林地管理

野生榧分布地多坡陡、土薄，且杂草丛生，接后要在树的下方垒石坎，移动周围肥土做一水平树盘，并将树下杂草灌木清除，铺于树盘上以保持水土；从第2年开始每株于树盘上施复合肥150~200克，以后随树体增长逐年增加。冬季在树干及断面切口处用石硫合剂涂白，以防治病虫危害。

六、香榧的抚育管理

（一）幼林抚育

1. 遮阴保苗

香榧幼苗喜阴，怕高温、干旱和日灼，特别是在栽植后的恢复期内，根系受损，吸收水分机能下降，极易受高温、干旱和日灼的影响而造成苗木大量死亡，即使苗木存活，其当年生长量和以后的生长速度也会受到很大的影响。因此，裸地造林1~2年内，必须对林地内幼苗进行遮阴，以减少阳光直射，降温、保湿，降低水分蒸腾，以利于幼苗成活。遮阴一般用50%~75%遮光度的黑阳纱，四周用支杆撑起固定。遮阴宜早不宜迟，冬季造林的应在4月中旬前进行，春季造林的则在造林后立即进行，10月中旬去除遮阳网。在高温、干旱和强日照的低丘，遮阴时间为2~3年；在海拔400~500米地方，遮阴时间为1年；海拔500米以上的山地，如果四周林地植被保存较好，可以不遮阴。根据香榧幼年耐阴的特点，在对幼林抚育时尽量保留种植带侧或种植穴周围的杂草灌木，造成侧方庇荫；部分全垦造林的香榧幼林中，可选择玉米、大豆、芝

遮阴保苗

麻和荞麦等高秆作物套种，既可获得早期效益，又人为造成侧方庇荫。套种的作物离香榧种植穴要有一定的距离，以避免套种作物与香榧争夺水肥，影响香榧生长。

保留种植穴周边杂草造成侧方庇荫

香榧与黄豆套种

从浙江省各地调查发现，香榧造林成活后至投产前，幼树还会不断死亡，成活后的保存率仅为80%左右。死亡原因主要有：化肥施用过多引起烧苗；林地积水或大穴造林根系随土壤沉降，因不透气而烂根；酸性土壤上根腐病严重；部分造林地鼠害严重，咬伤根颈或根系。造林后要根据不同的情况，对症下药加以防治，同时造林后要及时补植，以保持林相整齐。

2. 保持水土

香榧适生在土层深厚、土壤疏松的环境，成片的人工造林如不注意水土保持，在幼林期极易造成水土流失，导致土壤肥力下降，不利于香榧的成活及生长。造林后应特别注意水土保持措施的落实，造林时尽量避免采用全垦整地，在坡度、坡长较大的坡地，切忌从坡顶到坡脚全坡开垦，应在山顶、山腹和山麓分别保留一些块、带状植被，群众称之“山顶戴帽子，山腰扎带子，山脚穿裙子”。阶梯整地带状造林的林分每年要清沟固坎，保留带间的植被，带外一侧可因地制宜套种茶叶、黄花菜等作物以保持水土和增加收益；在坡度大的地块采用鱼鳞坑造林的，可从造林的次年开始逐步清除

植株周围植被，在植穴下方垒石坎、移客土做成水平树盘以保持水土。在有低价值林分存在的地方可在林下套种香榧，再逐步改造形成香榧纯林或混交林。

保留带间的植被

林下套种香榧

3. 合理整形

以小苗嫁接形成的香榧树，分枝点低，无主干，主枝多少不定，分枝角度大，斜向甚至匍匐生长，生长势弱。为此，对主枝应加以扶持以增强树势，有目的地扶正一个生长势较强的主枝作为中央主枝培养，其余枝条任其向周围生长。扶持主枝时必须让枝条的正面朝向阳光，不可以让枝条背面向着阳光，否则会生长不良。

香榧幼树下部枝条结实，上部枝条生长

香榧多为顶芽抽枝，一年一轮。主枝延长枝顶芽发枝力强，多为3~7个簇生，生长旺，斜生；侧枝顶芽一般3个，多抽生2侧枝1延长枝，生长弱，多平展或下垂。由于枝条长度多在5~10厘米

之间，主枝延长枝也多在20厘米以内，加上枝条节上及其附近不断有新枝萌生，所以枝条密度大。香榧结实能力强，细弱的枝条也能结果，特别是幼林期，下部枝条先结实，上部枝条斜向生长担负着增加枝条数量和扩大树冠体积的任务。一般侧枝在结实1~2次后自然脱落，下部下垂枝条，处于光照不良处的结实1次后一般无力再次结实。如果密度太大，可以适当疏删，以减少营养消耗，改善光照条件，但幼年树修剪量不宜过大。

香榧主枝呈竹竿形，副主枝难以形成

香榧分枝的另一特点是主枝的延长枝不结实，一直往前伸长，而侧枝生长变弱后，顶侧枝和延长枝均能结实，形成结实枝丛，所以主枝上的副主枝难以形成，主枝常呈细长的竹竿形，树冠结构不尽合理。为此，可在适当部位对主枝的延长枝进行短截，发枝后，留养中间一枝作延长枝，培养一个强壮侧枝使之成为副主枝，留养的延长枝向前生长2~3年后再采用同样的方法培养另一侧的副主枝。副主枝的位置应有利于填补树冠空档，一般一个主枝培养2~3个副主枝即可。

香榧树冠扩展不快，用“2+2”或“2+1”的嫁接苗造林，如果每公顷造林600株，15年内树冠不会相接。此后，随着树体的快速增长，就要通过修剪控制树形，减少相邻树枝交叉重叠，保持林分的郁闭度在0.7以内。早期密植的应隔行或隔株移去一半。带土移植成活率高，树势恢复快，投产早。

如果上层林冠郁闭度在0.7以上时，林下套种的香榧会因光照不足而枝条细弱，匍匐生长，3年生以上枝条多自动脱落。对于为给幼年香榧遮阴而套种速生树种的混交林，随着香榧树体的生长和需光性的增加，必须及时调整林分结构，逐步疏去混交树，调节种间关系，保证香榧上方光照。

4. 巧施追肥

香榧幼林施肥以促进树体营养生长为目的，应多用复合肥，并结合有机肥进行施肥。每年施肥2次，时间分别在每年的3月中下旬、9月中旬至10月下旬。第一次施入的肥料可选用复合肥，施入量视树体大小、立地条件等而定，每次控制量在每株0.05~0.20千克；第二次施入的肥料可选择栏肥10~20千克或者腐熟饼肥1千克施入，方法可采用在树冠滴水线区域挖环状沟(沟深20~30厘米)，将肥料均匀撒入沟内后，再覆土掩埋，逐年外移。施肥过多或方法不当是引起香榧造林保存率低的重要原因之一。为防止肥料伤苗，必须注意：施肥时少量多次，有机肥必须腐熟后施用，化肥不能直接触接根系或沾黏叶片。

5. 除草松土

每年雨季结束后香榧幼林应及时进行除草松土，将削除的杂草掩埋或覆盖在根际部位，既可减少旱季杂草对水分的竞争，又能降低地表温度，减轻地表高温对香榧根颈处的灼害，保持土壤湿度。杂草腐烂后也是很好的有机肥料，可改善土壤结构，增加地力。幼林松土可结合施肥进行，每年向

除草覆盖根际

外扩穴30~40厘米，营造疏松的土壤环境，适应根系向外扩展的要求。生长季节进行的松土深度应浅，以不超过10厘米为宜；冬季松土可适当加深；树冠内松土宜浅，树冠外加深。

（二）成林抚育

1. 合理施肥

(1) 施肥种类。香榧施肥种类按时间分，有春肥、夏肥和秋肥。根据施肥的方式分，有土壤施肥和根外追肥。根据肥料的性质和肥效分，有化肥、有机肥、绿肥。化肥中有氮肥、磷肥、钾肥和复合肥。有机肥中有农家肥（猪、牛、鸡、鸭、兔粪和人粪尿等）、垃圾肥。绿肥以豆科植物为主。

(2) 施肥时间。香榧在一年的物候期中有3个时期很重要：

① 4~5月的开花授粉和新梢发育期。

② 6~9月中旬的种子生长发育期。

③ 采种以后的营养贮备期和花芽分化期。

香榧要增施有机肥

根据以上特点，香榧每年需要施肥2~3次。春肥采用速效肥，于3~4月施入，可以促进新梢和雌球花发育；秋肥以9月中下旬采果后结合施用化肥和有机肥，以利树势恢复，提高光合作用效率，积累更多的养分为即将开始的雌球花分化和来年的新梢、花器官发育创造条件。结合施有机肥可以疏松土壤、保湿保温、促进根系发育和根系细胞分裂素合成，后者是促进雌球花花芽分化的重要条件。在丰产年份还可于7~8月增施

一次夏肥，以磷、钾肥为主，以促进香榧种子发育。春夏季施入的化肥应占年施化肥总量的2/3以上，有机肥(基肥)以秋施为主，如施绿肥应在7月中旬旱季到来之前压青或铺于根际。

(3) 施肥方法。为了防止肥料挥发和流失，目前产区普遍采用的施肥方法为沟施。沟施有环沟和放射沟之分，前者是在距主干到树冠滴水线之间开环形沟，宽30厘米，深25厘米左右；后者是在冠幅范围内由主干向外开4~5条放射沟，规格同环形沟。沟开好后削除树冠下及周围地表杂草填于沟底，将肥料撒于杂草上，再覆回沟土。此法可以防止化肥直接与根系接触而引起烧根。同时有机物与化肥混施，可以提高肥效，减少流失。坡地环形施肥沟应设于树干上坡树冠滴水线以外，以免肥料过分集中流入树冠下，造成肥害。

栏肥、绿肥等有机肥沟施或铺于树冠下地表，但量不能太多，厚度不能太厚，同时肥料上再加盖细土以促进分解。

在土壤干燥时，土施效果不好时或某些生长关键时期急需营养时也可以辅之以根外追肥。种类有0.2%~0.3%的尿素、0.3%~0.5%的磷酸二氢钾、2%~3%的过磷酸钙、0.3%的硫酸钾、0.2%的硼砂以及其他叶面肥料。根外施肥应在无风的早晚和阴天进行，以免高温产生药害。

2. 保花保果

(1) 落花原因与防治。

① 落花。落花是指雌花开放后一个月以内，开放的雌花逐渐发黄脱落。严重情况下落花率可达到90%以上，远远高于25%左右的正常落花，可极大地影响来年的产量。落花的原因主要有3个：

a. 产区雄株少：香榧主产区农民由于对雄株的作用缺乏认识，多把雄株改接成香榧，或把雄榧树当作木材砍伐，使产区的雄株数量锐减，授粉不足。

b. 雌雄株花期不一致：雄花与雌花的开放时间前后相差10天左右，在适宜的气候条件下，单株花粉一般1~2天就全部散尽，很大一部分的雄花开放时间与雌花不遇。

c. 花期多雨，香榧的传粉滴不伸出，传粉滴即使伸出也易被雨水淋洗、

振落;同时雨水多,空气湿度大,也会影响雄花粉的扩散。

三种原因最后都将引起授粉不良的结果,未经授粉的雌花,在花后20天左右全部落光。香榧发育研究证明:香榧4月中下旬开花授粉,7月下旬雌配子体形成,8月中旬卵细胞形成,下旬受精,受精的胚珠可能通过花粉带入的营养物质和某些激素刺激雌配子体和卵细胞形成,最后防止胚珠脱落,但具体的机理还需进一步研究。

② 防治措施。人工辅助授粉是弥补因雄榧树数量不足、分布不均、花期不遇、花期多雨等原因引起的授粉不良,最后大量落花的重要手段。该项技术由诸暨市林科所汤仲勋从20世纪60年代开始试验运用,效果良好。人工辅助授粉可将自然授粉情况下香榧胚珠7.5%的受孕率提高至64.8%,产量(同一区域里运用人工授粉技术前后十年平均产量对比)增加47.17%。

香榧为风媒花,实生繁殖后代中雄株比例较高,据对天目山自然保护区榧树自然群落(人为影响很少)的调查显示,雄榧树的比例为18%左右,资源较丰富。雄花花期有迟早之别,在同一立地条件下,不同单株花期迟早可达10天以上,随着海拔升高,花期推迟。大约每升高100米,花期推迟一天。香榧雌花有等待授粉的习性,在雌花性成熟标志——传粉滴出现后9天内授粉仍有效果。这些都为香榧人工辅助授粉创造了有利条件,同时榧树花粉量多、易采集、耐运输贮藏、授粉方法简单易行。香榧人工辅助授粉方法有撒粉、喷粉、高接雄花枝、挂花枝等。

a. 喷粉:通过收集花粉,用清水配制成花粉液对香榧喷施花粉的一种方法。具体步骤如下:

首先进行花粉的采集。由于榧树花粉贮藏期较长,采集花粉可选择榧树早花类型的雄株,当榧树雄株上的雄花蕾颜色由青红色转为淡黄色,有少量微开,轻弹花枝有少量花粉散出时,便可采集带雄花蕾的小枝。将这些小枝放置在室内的白纸或干净的报纸上阴干1天左右,然后轻抖雄花枝让花粉散出后集中收集,即可用来授粉。此时如还不到授粉时间,可将收集的花粉放置在干燥器中,置于阴凉处保存。简易的保存方法为:在干燥的空坛中放生石灰后,将花粉包好后平放在生石灰上,坛口密封。花粉贮藏时,每包花粉的量不宜过大,以免导致花粉发热腐烂,影响授粉效果。

然后进行花粉液配制。选择香榧多数雌花开放时配制花粉液,每克花

粉加500千克左右水后混合均匀即可，花粉液配制好后应马上使用。

最后进行喷粉。将配制好的花粉均匀喷布在待授香榧树的树冠各处，喷粉的时间必须选择在晴天露水干后。

b. 撒粉：撒粉法花粉收集的步骤与喷粉法相同。将收集的花粉置于一个特制的授粉器(在一长竹竿的梢部插上带一个竹节的毛竹筒，毛竹筒可双面空，也可单面空，毛竹筒用来放置花粉)内，在毛竹筒空心的一端蒙上5~7层洁净的干燥纱布，选择晴天露水干后，用授粉器在待授的香榧树树冠各处抖动，将花粉均匀撒在树冠各处。一般撒粉两次，两次间隔3~4天。撒粉法忌撒粉数量过多，可以将采集的榧树花粉与松花粉1:10混合后施用，撒粉法现广泛应用在诸暨市的多个香榧主产区。

花粉采集与人工授粉

必须在有少数花序自然散粉时采集花序，早采1天的花序很难烘、晒出花粉。但在散粉前3~4天花粉已成熟，可将采集的花序在水中揉搓，待水成淡黄色时，稀释喷用，效果良好，近年已被产区广泛采用。

c. 高接雄花枝：在香榧分布相对集中的区域，可以通过高接雄花枝的方法解决花粉量不足的问题。高接雄花枝具体方法如下：

接穗应该从花蕾大而密集、花粉量多、花期较长且与香榧雌花花期相吻合或稍迟于香榧雌花开放的雄株上选取接穗，要求是发育健壮的带1年生三叉枝的2年生枝，采回的接穗用薄膜包裹或插入湿沙中保湿贮藏。

在香榧群落中，选取迎风面(一般为东南向)的50~100年的壮年香榧树

作为砧木。

嫁接的位置应该在砧木树冠迎风面的中上部骨干枝的延长枝上,香榧有自然整枝的特性,侧枝经过6~9年生长便会自动脱落。因此,雄花枝忌接在这些侧枝上以免随自然整枝脱落。

嫁接时间一般在清明节前几天，树液开始流动而芽尚未萌发前进行,一般采用切接法。选择骨干枝的延长枝离分叉处5~7厘米处截断,通过切砧削穗后,插入接穗(接穗在上部留约1/3的叶片,其余的抹除),对齐一面的形成层,接穗基部不用露白,用塑料薄膜严密绑扎,然后用竹篼弯曲成带尾巴的漏斗状,套住接穗后绑扎严实,防止阳光直射,嫁接后要及时抹去砧枝周围新抽的不定芽和侧枝,选择合适的时间(一般春季嫁接应在秋季,秋季嫁接在翌年春季)用刀片划开绑扎的薄膜带松绑。高接雄花枝对技术要求较高,嫁接和接后管理费时、费工,但嫁接后可保证花粉的供应,一劳永逸;而且通过嫁接雄花枝可以减少因为采花粉对榧树雄株资源造成的破坏。

d. 挂花枝：在香榧大部分雌花胚珠吐露传粉滴时，采集即将开放的雄花枝,将之挂在香榧树体迎风面的中上部,通过风媒自然授粉。采用挂花枝法如遇到花期为连绵阴雨,雄花未开放即腐烂的,必须通过其他辅助授粉手段,补授花粉。挂花枝法操作简便,但采集的雄花枝上的雄花必须即将开放。此法易受天气影响,导致授粉效果不佳。同时因挂花枝法受产地雄株资源少的限制不易推广。

人工辅助授粉中撒粉法和喷粉法在目前生产中应用最为广泛,两种方法的应用都需收集相当数量的雄花。由于榧树雄株树体高大,雄花枝多生长在树体外部,采集榧树雄花小枝实际上很难进行,常用砍大枝后再收集雄花的方法,对雄株资源破坏很大。因此在今后发展香榧时,必须合理配置花蕾大、花粉量多、花期持续时间长且与香榧花期一致的雄株,以保证花粉量的供应。

(2) 落果原因与防治。

① 落果原因。落果主要指受精的幼果,在第二年的5~6月开始膨大时脱落,严重的落果率占幼果总数的80%~90%,对产量影响极大,落果的原因主要有3个。第一个原因为病害,细菌性褐腐病等病害通过为害叶片和果实引起大量的落果。第二个原因是阴雨,5~6月南方地区进入雨季,长期的阴雨

影响叶片的光合作用，导致树体营养供应不足；在逆境条件下，乙烯、脱落酸等合成加速，而生长素合成受阻，乙烯可提高果胶酶、纤维素酶活性，使离层细胞的细胞壁和中胶层离解，引起幼果脱落；连续的阴雨还使土壤中水分长期处于饱和状态，根系缺氧影响根系的吸收机能和细胞分裂素的合成，也会引起幼果脱落。第三个原因为树体营养失调，营养生长过旺或营养不良都会引起落花落果。

② 防治措施。香榧的异常落果一直是香榧产量不稳的一个重要原因，已引起产区群众和林业科研部门的重视，相关部门从20世纪90年代以来开展了一系列保花保果研究，取得了良好的效果。绍兴市林业局陈秀龙等人在1998~1999年间针对细菌性褐腐病为主引起的非生理性落果进行了研究，在香榧的幼果期采用菌毒清、爱多收、万果宝等农药和营养激素物质喷施的方法对褐腐病进行防治，以清水为对照。实验结果表明三种药剂在防治因细菌性褐腐病为主引起落花落果，提高坐果率方面都有一定的作用，但效果以幼果期喷施1.5%的菌毒清最佳。

诸暨市林科所郭维华利用氨基酸、酸类物质，爱多收、万果宝等药剂对香榧非病理性落果进行了防治研究，利用这四种药剂配制合适的浓度，在花期(4月中下旬)与落果期(5月中下旬)进行叶面喷施，万果宝和爱多收两种药剂均可明显提高香榧坐果数，减少落果数量，接着又在此基础上对两种保花保果效果较好的药剂万果宝、爱多收进行了不同浓度的对比试验，结果显示万果宝和爱多收两种药剂使用浓度分别以10毫升万果宝兑水25千克和10毫升爱多收兑水30千克为最佳。香榧对这两种药剂剂量敏感，剂量少量的变化对香榧最终的坐果影响很大，在配制药剂的时候应注意掌握用药量，必须按配比使用。同步进行的喷药时间和次数的试验表明在花期和落果期各喷一次的保花保果的效果明显好于单次喷药的方法。

万果宝和爱多收两种药剂均含有单硝化愈创木酚钠的细胞赋活剂，据此郭维华提出是不良天气(连续阴雨)引起香榧落果的主因是离层薄壁细胞坏死，用含有单硝化愈创木酚钠的细胞赋活剂进行保果可促进细胞原生质体流动，赋活离层薄壁细胞活性，从而起到保果作用，其中尤以10毫升万果宝兑清水25千克进行两次(花期、落果期)喷施最佳。

砌坎培土

3. 老树复壮

(1) 砌坎培土。对立地条件较差、水土流失严重和根系裸露的老树可用筑垒树盘的办法：先在老树下坡树冠滴水线外围用石块砌一条半圆形的小坎，高度依据老树所处的位置和坡度大小决定，坡度大则坎高。坡度大的地块可以考虑隔一定距离砌2~3条带，再从树的四周收集疏松的表土覆盖老树树冠下的林地，用铁锹将土扒平稍稍打紧密即可。如果进行客土结合施入一定量的有机肥效果会更好。在土坎外侧可种茶树或灌木绿肥护坡。

(2) 截干更新。对长期受病虫危害的老树要加强病虫害的防治，对部分密度大、枝条交叉、光照差、枝干裸秃、结果枝少、产量很低的老林老树可采取截干更新。香榧的各级枝条上都分布有潜伏芽，在外界条件刺激下，会很快萌发新的枝条，截干后使整个树体缩小，缩短了营养运送的距离且营养集中，新抽发的萌生枝长势旺，极易形成新的丰产树冠。诸暨市钟家岭村有株香榧树，主枝被风折断，在断口下面抽发了相当数量的萌生枝，这些萌生枝几年就形成了新的树冠，并开始有相当的产量。截干更新效果很好，但由于现阶段香榧价值高，农民舍不得对虽然结果很少、却仍有产出的树进行

香榧主枝上的潜伏芽抽生枝条

截干改造。因此,可推广隔年截干轮换更新的方法,先在老树上选择几个长势最差的枝条进行短截,等这部分枝条形成一定的树冠后再对其他的枝条进行短截。

(3) 补洞防腐。香榧老树中有很大一部分衰老树的树干腐朽或半边枯死,树干中心暴露在外面,日晒雨淋,进一步加快了树干的腐朽。对这一部分树体必须先用刀刮去暴露在外面的腐朽部分(刮至露出新鲜的木质部)后,涂上800倍液的多菌灵水剂后,用塑料薄膜包裹紧实,待新的愈伤组织形成后去掉塑料薄膜即可,产区农户也有用水泥直接覆盖在树干腐朽部位,亦可取得相同的效果。

香榧老树主干中空,主枝裂折

七、香榧病虫害防治

（一）香榧主要病害及其防治

1. 香榧立枯病

立枯病是香榧幼苗期的一种主要病害，主要为害种芽、苗木根和茎的基部，染病后常造成幼苗植株大量死亡，降低香榧树育苗成苗率。目前该病在我国香榧产区普遍存在。

香榧苗木立枯病为害症状

香榧立枯病主要通过土壤传播,因此预防该病的重点措施应放在选择适宜苗圃地、注意土壤消毒这两大方面。

防治方法

(1) 选择通风、向阳、地势较高、土层深厚、通透性好、排灌方便的沙壤土建苗圃,播种前用0.1%的福尔马林溶液(甲醛溶液)浇穴,进行土壤消毒。

(2) 实行秋播育苗,避开发病高峰季节,或推广无菌土营养钵育苗技术。

(3) 播种育苗前可用40%的五氯硝基苯粉剂100克加细土40千克拌匀后覆盖种子。

(4) 发病苗床用50%的多菌灵按1:500兑水稀释,进行喷施或灌根。5天一次,连续3次。

(5) 在光照强烈的圃地,秋季高温、干旱容易造成苗木根茎处受日灼损伤,此时病菌侵入便会引起发病高峰。因此,苗木荫棚不能过早拆除,干旱期间应注意灌溉。

(6) 苗圃集中发病区应及时清除病苗并烧毁,进行土壤消毒。

2. 香榧细菌性褐腐病

细菌性褐腐病是目前危害香榧生产的主要病害之一,该病多在4月底或5月初开始出现,主要为害刚膨大的幼果。5月中、下旬为发病高峰,6月初为病果脱落高峰期,会造成香榧大量减产。6月中旬后遭病菌侵染,往往形成香榧畸形果。该病在果实贮藏期间也可侵染为害。

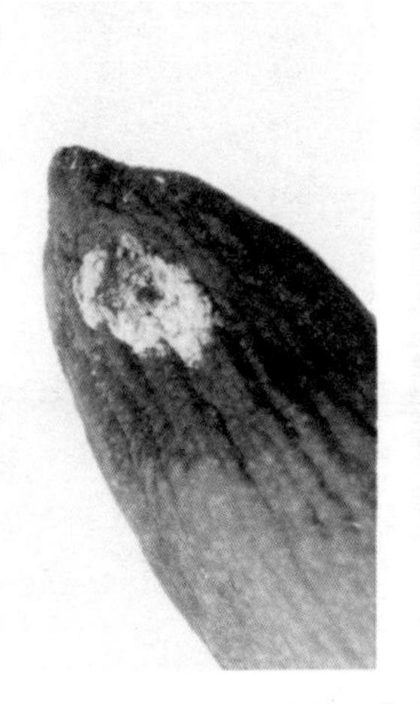

香榧细菌性褐腐病

防治方法

(1) 加强管理。及时清除香榧林中病残果等传染源，将其集中烧毁。

(2) 喷药保护。药剂防治时需避开香榧授粉期，可从4月下旬开始，用5%菌毒清800倍液进行防治，每隔7天交替喷雾一次，对枝、干、叶和果进行全面喷湿，至7月上旬雨季结束，可以有效防治香榧细菌性褐腐病。

3. 香榧紫色根腐病

紫色根腐病，又名紫纹羽病，是香榧生产中常见的一种致命性根部病害，主要为害苗木和成年榧树根部。受害后，香榧根系逐渐腐烂乃至枯死，是造成当前香榧树育苗效率不高、造林成活率偏低和大树树势衰弱死亡的重要原因。

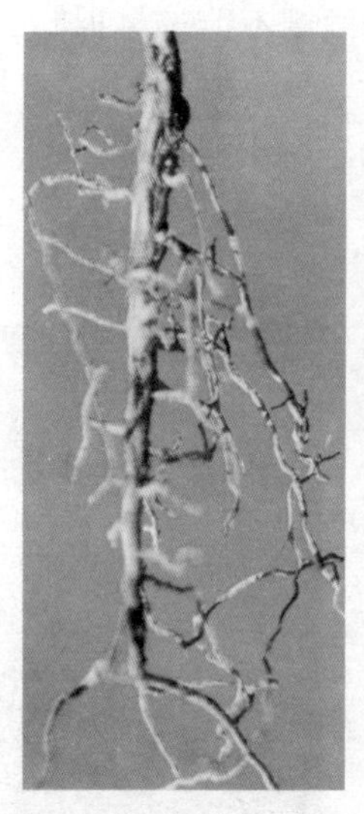

香榧紫色根腐病发病症状

防治方法

(1) 加强林地管理。发现树体枯死或不明原因的落叶现象要及时处

理。若为紫色根腐病菌侵染所致，要及时确定发病中心及范围，集中救治。对于枯死的香榧植株，须连根挖起，集中烧毁。挖树后留下的土坑必须及时进行消毒。

(2) 农药防治。3月中旬到4月发病前，在病株根部周围树冠范围内挖数条不同半径的环沟或辐射状条沟，深及见根，选择晴朗天气，使用70%的甲基托布津1000倍液，也可用2%的石灰水或1%的硫酸铜液，或1%的波尔多液，或5%的菌毒清100倍液等药液灌浇。灌浇可分数次，使根部充分消毒。隔一周时间，再用药液灌浇一次，后覆上松土。在酸黏土壤上撒熟石灰可有效防治此病害。

4. 香榧疫病

疫病是目前影响香榧生产的重要病害之一，幼苗发病时，常出现死苗，大树发病，主要为害主干或主枝，造成局部溃疡。

香榧疫病为害症状

防治方法

(1) 选用抗病品种和健壮、无病的香榧接穗。

(2) 加强抚育管理,增强树势,提高树体抗病力。

(3) 及时防治蛀干害虫,防止病菌通过伤口侵入。

(4) 定期检查,发现重病株或病枝,及时清除烧毁。

(5) 对主干和大枝上的个别病斑,用刀刮除后涂“402”抗菌剂200倍液或波美10度石硫合剂或40%的福美砷可湿性粉剂,或使用40%的退菌特可湿性粉剂1000毫升兑水50千克或60%的腐殖酸钠1000毫升兑水50~75千克喷施。也可用70%的甲基托布津可湿性粉剂1份加豆油或其他植物油3~5份进行涂抹,效果也很好。

5. 绿藻

绿藻属藻类植物绿藻门。绿藻在榧树叶表面形成一层粗糙的灰绿色苔状物,影响叶片进行正常的光合作用,从而造成榧树落果、减产。目前,浙江省产区香榧绿藻的发生率为51%~64%,以轻度发生为主。

绿 藻

左:正常叶　右:绿藻为害叶

防治方法

(1) 整枝修剪。保持榧林通风透光、减少郁闭度,平地榧园开沟防止积水,可有效防治绿藻的发生。

(2) 6月初梅雨季节来临之前防治或在雨间放晴时用晶体石硫合剂800倍液防治,10~15天喷药一次,连续喷药2~3次,防治效果较好。

(二) 香榧主要虫害及其防治

1. 金龟子

为害香榧的金龟子主要有铜绿丽金龟子、斜矛丽金龟子和东方绒金龟

子等种类，在浙江省各香榧产区均有分布。幼虫蛴螬栖居土中，喜啃食刚刚发芽的胚根、幼苗等，成虫喜啃食为害榧树春季萌发的嫩芽、嫩叶和新梢。

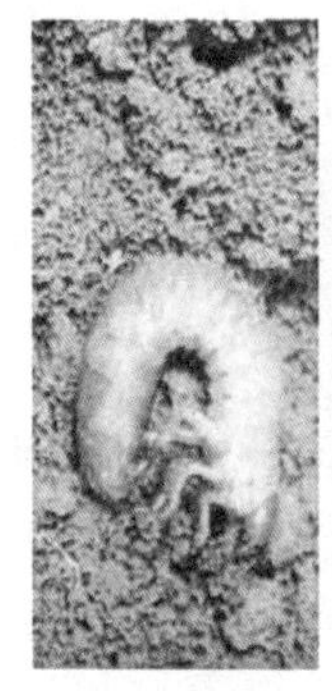

金龟子幼虫

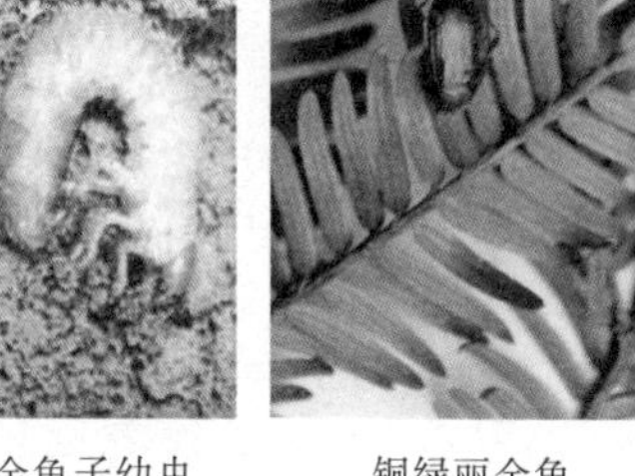

铜绿丽金龟

斜矛丽金龟

东方绒金龟

金龟子

防治方法

(1) 做好预防。在香榧育苗地建立及幼林抚育过程中结合育苗营林措施。秋末深翻土地，将成虫、幼虫翻到地表，使其冻死或被天敌捕食、被机械杀伤等，消灭部分土壤中所藏的越冬幼虫和成虫虫体。避免施用未腐熟的厩肥，减少成虫产卵。合理灌溉，促使蛴螬向土层深处转移，从而避开幼苗最易受害的时期。

(2) 人工捕杀。在施用有机肥前筛捡有机肥中的幼虫。在成虫活动盛期，利用金龟子假死、趋光的特性，进行人工捕捉，或用黑光灯诱杀。

(3) 饵料诱杀。根据金龟子喜食的习性，用炒菜饼、甘蔗等饵料拌10%的吡虫啉可湿性粉剂或40%的毒死蜱等药剂(10:1)诱杀。

(4) 药剂防治。

① 毒土。每亩用90%的晶体敌百虫60~100克，或用50%的辛硫磷乳油70毫升，兑少量水稀释后拌毒土140千克，在播种或定植时均匀撒施于苗圃地面，随即耕翻；或撒于播种沟或定植穴内，每亩施用13千克，覆土后播种或定植。

② 灌根。在幼虫发生严重、为害重的地块每亩可施用50%的辛硫磷乳油80~100毫升，或用90%的晶体敌百虫80~100克；或用50%的西维因可湿

性粉剂80~100克兑水70千克灌根，每株灌药液150~200毫升，可杀死根际附近的幼虫。

③ 喷雾。在成虫盛发期，对害虫集中的树，每亩使用50%的辛硫磷乳油或90%的晶体敌百虫70~100克，兑水80~130千克喷雾；或用20%的氰戊菊酯乳油70毫升，兑水140千克喷雾。

2. 香榧瘿螨

瘿螨俗称“红蜘蛛”，有的地方也叫“锈壁虱”，属蜱螨目，瘿螨科。香榧产区散生的榧树上发生较为普遍。瘿螨主要以成虫、若虫刺吸嫩叶或成叶汁液，使叶片光合系统受到破坏。受害后叶背产生红褐色锈斑或叶脉变黄，芽叶萎缩，严重时枝叶干枯，呈现黄红色，似火烧灼状，造成香榧树落叶，对当年果实产量、质量及第二年花芽的形成都有影响。

香榧瘿螨

A、B. 香榧瘿螨为害症状　C、D. 香榧瘿螨

防治方法

(1) 药剂涂干。3月中下旬用10%的吡虫啉乳油加5倍柴油，或50%的久效磷乳剂20千克兑水400千克，涂刷树干离地50厘米的部位。操作时先沿树体一圈刮除老皮，宽度为20厘米，涂药后用塑料薄膜包扎。

(2) 喷药防治。5~7月为香榧瘿螨防治的最佳时期，发生期用80%的唑锡乳油按1:2000兑水稀释或波美0.3~0.5度石硫合剂喷雾。如虫害发生严重可用下列专用杀螨剂：5%的尼索朗乳油2000倍液；50%的托尔克2000倍液；73%的克螨特乳油3000倍液；25%的倍乐霸可湿性粉1000毫升兑水1500千克喷雾。第一次喷药后，隔7~10天再喷第二次，需连续防治两次以上。

3. 黑翅土白蚁

白蚁属等翅目白蚁科，主要为害香榧树干和根系，不论苗木、成年树均受其害。苗木受害后成活率低或枝梢缩短；成年树受害后，大量落叶，枝叶稀疏，严重时全株枯死。

黑翅土白蚁

A. 黑翅土白蚁蚁路　B. 黑翅土白蚁

防治方法

(1) 清理杂草、朽木和树根，减少白蚁食料。

(2) 诱杀处理。用糖、甘蔗渣、蕨类植物或松花粉等加入0.5%~1%的灭幼脲3号、卡死克或抑太保，制成毒饵，投放于白蚁活动的主路、取食蚁路、泥被、泥路及分飞孔附近。

(3) 苗床、果园用氯氰菊酯、溴氰菊酯或辛硫磷等药兑水淋浇，浇后盖土。

(4) 发现蚁巢后用50%的辛硫磷乳油150~200倍液，每巢用20千克药液灌巢。

4. 蚧虫

蚧虫也是为害当前香榧生产的主要害虫，种类较多，主要有矢尖蚧、白盾蚧、角蜡蚧、橘小粉蚧及草履蚧等。寄主植物除榧树外，还有柑橘、桃、柿、石榴、梨、苹果、枣等。成虫、若虫群聚于叶、梢、果实表面等处吸食汁液，使受害组织生长受阻，叶绿素被破坏，产生微凹的淡黄色斑点，严重时导致落叶，植株枯死。

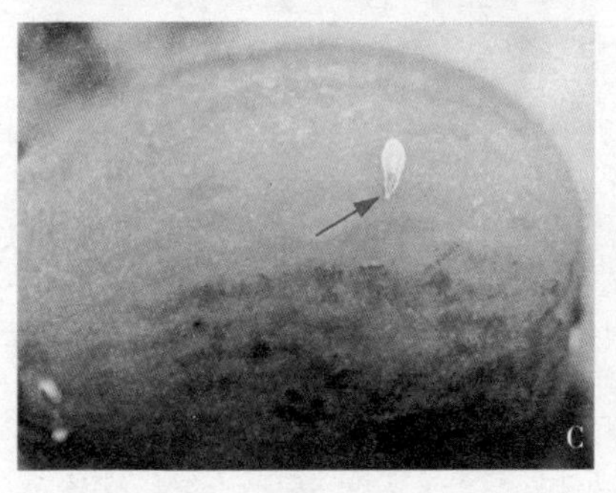

蚧虫

A. 白盾蚧　B. 矢尖蚧　C. 橘小粉蚧　D. 角蜡蚧

防治方法

(1) 3~4月结合抚育管理,重剪有虫枝条,同时加强肥水管理,促发新芽。

(2) 3月中下旬用10%的吡虫啉乳油加5倍柴油、或50%的辛硫磷乳剂按1:20比例兑水，涂刷树干离地50厘米的部位。操作时先沿树体一圈刮除老皮,宽度为20厘米,涂后用塑料薄膜包扎。

(3) 5月中下旬，在林间正值若虫孵化盛期，可用40%的速扑杀乳油1000倍液,或35%的快克乳油800倍液,或40%的杀扑磷乳油1000倍液喷药防治,效果较好。

5. 天牛

天牛幼虫常钻蛀香榧树干和大枝,造成主干大枝枯死,甚至整株树体枯死。有时也钻蛀顶梢,影响榧树正常生长。根据各地天牛为害情况的调查结果发现,目前为害香榧的种类主要有咖啡虎天牛、星天牛和油茶红天牛3种。

天 牛

A. 油茶红天牛　B. 星天牛

防治方法

(1) 结合栽培管理，修剪虫枝、枯枝，消灭越冬幼虫。

(2) 发现树体上有天牛幼虫蛀道应及时用黏土堵塞，使幼虫窒息死亡。

(3) 树干涂白以避免天牛产卵。

(4) 捕杀成虫。星天牛可在晴天中午检查树干基近根处对其进行捕杀：也可在闷热的夜晚，利用火把、电筒照明进行捕杀；或在白天搜杀潜伏在树洞中的成虫。

(5) 在6~8月天牛成虫盛发期，经常检查树干及大枝，及时刮除虫卵，捕杀初期幼虫。根据星天牛产卵痕的特点，发现星天牛的卵可用刀刮除，或用小锤轻敲主干上的产卵裂口，将卵击破。当初孵幼虫为害处的树皮有黄色胶质物流出时，用小刀挑开皮层，用钢丝钩杀皮层里的幼虫。伤口处可涂石硫合剂消毒。

(6) 化学防治。

① 施药塞洞。若幼虫已蛀入木质部，可用小棉球浸80%的敌敌畏乳油按1:10的水剂塞入虫孔，或用磷化铝毒签塞入虫孔，再用黏泥封口。如遇虫龄较大的天牛时，要注意封闭所有排泄孔及相通的老虫孔，隔5~7天查1次，如有新鲜粪便排出再治一次。用兽医注射器打针法向虫孔注入80%的敌敌畏乳油1毫升，再用湿泥封塞虫孔，效果较好，杀虫率可达100%，此法对榧树无损害。幼虫蛀木质部较深时，可用棉花沾农药或用毒签送入洞内毒杀；或向洞内塞入56%的磷化铝片剂0.1克，或用80%的敌敌畏乳油2倍液0.5毫升注孔；施药前要掏光虫粪，施药后用石灰、黄泥封闭全部虫孔。

② 喷药。成虫发生期用2.5%的溴氰菊酯乳油1000毫升兑水2000千克，或50%的杀螟松乳油1000毫升兑水1000千克，或80%的敌敌畏乳油1000毫升兑水1000千克喷洒于主干基部表面至湿润，5~7天再治一次。在山区用干百步根塞入虫孔，再用黄泥封牢孔口，效果良好。

6. 香榧硕丽盲蝽

香榧硕丽盲蝽属半翅目盲蝽科，寄主为香榧。若虫和成虫为害榧树的嫩梢和果实，严重时造成枯梢和榧实脱落。

香榧硕丽盲蝽

A. 香榧硕丽盲蝽 B、C、D. 香榧硕丽盲蝽为害状

防治方法

(1) 营林措施，早春清除树下杂草，消灭越冬虫卵。

(2) 保护天敌蜘蛛。

(3) 药剂防治。若虫期每亩可用5%的吡虫啉乳油100毫升，或10%的吡虫啉乳油70毫升，或45%的辛硫磷乳油70毫升，兑水100千克喷雾防治；成虫盛发期可用80%敌敌畏乳油70毫升兑水140千克喷雾防治。

7. 香榧细小卷蛾

香榧细小卷蛾属鳞翅目卷蛾科，寄主为香榧。第1代幼虫蛀害榧树的新芽，为害严重时树体新芽几乎全部脱落；第2代幼虫潜叶。成虫白天有向光、向上爬行的习性，可作短距离跳跃和飞行，夜晚无趋光性。

防治方法

(1) 11月下旬至3月中旬之前清除榧树下枯枝落叶深埋，消灭越冬虫源。

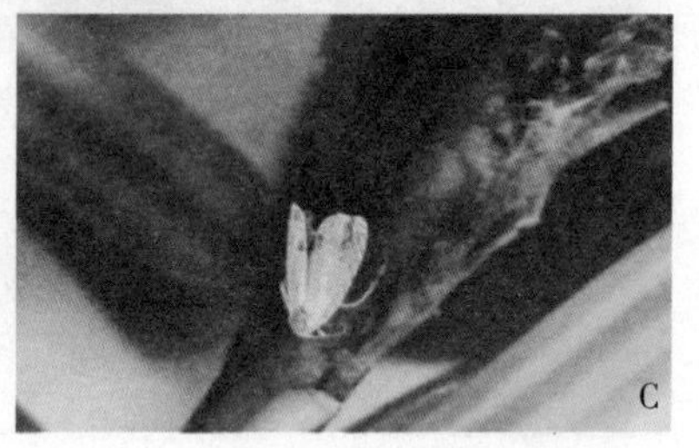

香榧细小卷蛾

A. 受害叶片 B. 冬型成虫 C. 夏型成虫

(2) 3月中上旬香榧新芽长1厘米时，防治成虫；4月上旬初见虫苞和7月上旬初见潜道时防治幼虫。每亩可用阿维苏云可湿性粉剂3000倍液喷药防治或抑太保3000倍液喷药防治，也可用5%的杀灭菊酯乳油3000~5000倍液，或吡虫啉2000倍液喷雾防治。

(3) 5月上旬用白僵菌粉炮，每亩2个。

(4) 11月幼虫老熟吐丝下垂时每亩用49%乐斯本乳油60~100毫升兑水60~100千克，或50%的辛硫磷乳油60~100毫升兑水60~100千克在树冠下喷雾。

8. 鼠害

香榧播种育苗阶段和造林后的幼林抚育期是田鼠为害的两个主要时期。田鼠主要偷食种子、为害幼树，严重时可造成幼树根茎及根茎处侧根大量损伤，引起植株生长不良以致整株枯死。近年来调查发现，鼠害已经成为香榧造林（含实生榧）保存率不高的重要原因之一。

防治方法

(1) 毒饵诱杀。利用甘氟毒饵灭鼠。毒饵按药:饵料:水=1:30:115的比例配制。即将75%的甘氟钠盐50克先用75克温水溶解，再倒入115千克饵料(小麦或大米)中，并反复搅拌均匀而成(配制时，要注意操作安全，严防人畜禽误食中毒)。施放时，毒饵应放在田鼠经常活动的有效洞口。每亩苗圃地投毒饵堆数根据鼠穴数量而定，每堆投毒饵1克(30粒)左右，一般防治效果可达95%以上。

(2) 熏蒸灭鼠。在苗圃地于晴天时找出有效洞口，每洞口投磷化铝片剂1片(3~3.3克)，用泥土封洞踏实。施放后，磷化铝片吸收土中水分后分解，放出磷化氢，将田鼠毒死，无需用水灌浇。气温较高时使用，灭鼠效果可达98%以上。

(3) 生化剂灭鼠。C型肉毒素是(冻干剂)一种灭鼠效果良好的神经毒素，淡黄色固体，怕光、怕热。应在避光条件下进行配制。配制时可用注射器注入5毫升水到冻干剂瓶内，慢慢摇匀，再加入适量水对毒素进行稀释。在搅拌桶内将饵料(小麦、玉米渣)等与毒素稀释液按比例混匀(0.1%浓度每瓶加水4千克，饵料50千克；0.12%浓度每瓶加水3千克，饵料38.4千克)，然后用备好的塑料布把搅拌桶封严，闷置15小时备用。毒饵配制后，投放在田鼠洞口内，避免阳光照到。每洞投饵料300克(约1万单位剂量)，以阴天或傍晚投放为好。毒饵要随配随用。

对山地幼林鼠害也可采取下列方法进行防治：

(1) 田鼠喜隐蔽环境，林下杂草灌木多，鼠害多，应经常清除香榧根际杂草。东阳森太公司香榧基地种于杂草灌木中的榧树林鼠害严重，而同一地点林内杂草较少，管理细致的香榧幼树就没有鼠害发生。

(2) 用波尔多液(硫酸铜:生石灰:水=1:1:10)涂树干基部，并结合清园。波尔多液加入适量硫磺悬浮剂，效果更好。

八、香榧采收与种实处理

(一) 适时采收

1. 采收时间

香榧采收过早，果实尚未充分成熟，水分含量高，种子在干燥过程中收缩性大，种仁皱褶，种衣(内种皮)会嵌入褶缝而不能剥离，加上含油率低，炒食硬而不脆，无香醇味，产量和质量都受影响。香榧假种皮由青绿转为黄色，有少量裂开时表示已经成熟，即可采收，该时段一般在8月下旬至9月中上旬，到9月中旬后大量种子自然脱落，鼠害严重，影响产量。因此，一旦榧实成熟，必须抓紧采收。香榧果实成熟的迟早与海拔高低、土壤条件有关，应视成熟先后及时安排劳力，做到适时采收。

香榧成熟种子自然脱落

2. 采收方法

由于香榧果实成熟时已孕育着幼果，为了保护幼果和树体，应该上树采摘，切忌用击落法采收。产区榧农常借助自制的“龙梯”等工具上树采摘，将采收的香榧种子运回室内处理。

采摘香榧的“龙梯”

通过“龙梯”上树采摘

上树采摘香榧

采收回家

香榧采摘流程图

（二）采后处理

1. 摊放脱皮

采种后将带假种皮的种子薄摊于通风室内，待假种皮开裂、干缩、变黑；或将种子堆放通风室内，厚度为20~30厘米，上覆稻草，至假种皮软化。

此法如堆积过厚，通风不良，堆温过高，容易引起假种皮腐烂，假种皮中的香精原油与果胶汁液从种脐渗入种仁，使品味下降，炒食会有榧臭味，甚至不堪食用。

摊放脱皮

2. 剥核处理

待假种皮开裂、干缩、变黑或软化时，用刀片手工剥去假种皮，剥出种核留待后熟处理。

3. 后熟处理

香榧种仁内含单宁，必须通过后熟处理才能食用。后熟处理常用堆积法，利用自身的呼吸作用放出热量，低温后熟。剥去假种皮的种核，群众称为“毛榧”，其种仁内单宁尚未转化，若立即洗净、晒干和炒食仍有涩味，须经种子后熟处理，促使单宁转化。具体方法是将不经清洗的“毛榧”在室内泥地上堆高30厘米左右，上盖假种皮或湿稻草，堆沤15天左右。在堆沤期保持堆内温度35℃左右，温度过低脱涩效果差，过高则种核易变质。在堆沤期间，为调节堆的上下温差，常将种核上下翻动2~3次，至种壳上残留的假种皮由黄色转黑色，同时种衣由紫红转黑即后熟完成。

4. 洗净晒干

种核经后熟处理后，选晴天将其水洗，洗净后立即晒干。晒到种子重量为原鲜重的80%，种壳发白，手摇种核无响声时即可，太湿种仁易腐烂，太干核壳易破裂。晒干后种核用单丝麻袋包装出售、贮藏或加工。

香榧种子的洗净、晾晒

洗净晒干的香榧干果

参考文献

[1] 黎章矩,戴文圣. 中国香榧.北京:科学出版社,2007
[2] 徐志宏,吾中良. 香榧病虫害防治彩色图谱. 北京:中国农业科学技术出版社,2004
[3] 李三玉. 香榧 佛手.北京:中国农业科学技术出版社,2004
[4] 韩宁林,王东辉. 香榧栽培技术. 北京:中国农业出版社,2006
[5] 丁建林, 施玲玲. 香榧低产原因及丰产栽培试验. 林业科技开发,2001,15(3):35~37
[6] 傅雨露.香榧产量与气象因子关系分析. 上海农业科技,1999,(1):69~70
[7] 黄华宏, 童再康. 香榧雌花芽部分内源激素的HPLC分析及动态变化. 浙江林学院学报,2005,22(4):390~395
[8] 黎章矩,骆成方,程晓建,等. 香榧种子成分分析及营养评价. 浙江林学院学报,2005,22(5):540~544
[9] 黎章矩,程晓建,戴文圣,等. 香榧品种起源考证.浙江林学院学报,2005,22(4):443~448
[10] 黎章矩,高林,王白坡. 浙江省名特优经济树种栽培技术. 北京:中国林业出版社. 1995
[11] 黎章矩,程晓建,戴文圣,等. 浙江香榧生产历史、现状与发展. 浙江林学院学报,2004,21(4):471~475
[12] 马正山,曹若彬. 香榧细菌性褐斑病的初步研究. 浙江林业科技,1982,2(3):23~25
[13] 马正山, 施拱生. 香榧生物学特性的初步研究. 亚林科技,1986,

(3):31~35

[14] 孟鸿飞，金国龙. 诸暨市香榧古树资源调查研究. 浙江林学院学报,2003,20(2):134~136

[15] 倪德良,徐建平. 野生香榧开发利用初步研究. 浙江林学院学报,1994,11(2):206~210

[16] 任钦良，何相忠. 香榧良种——细榧起源考略. 经济林研究,1998,16(1):52~54

[17] 任钦良. 香榧生物学特性的研究. 经济林研究,1989,7(2):56~59

[18] 任钦良. 香榧授粉特性及其应用效应的研究. 亚林科技,1983,(1):18~21

[19] 任钦良. 低丘红壤引种香榧初获成果. 浙江林业科技,1981,1(4):167~168

[20] 吾中良，徐志宏. 香榧病虫害种类及主要病虫害综合控制技术. 浙江林学院学报,2005,22(5):545~552

[21] 戴文圣,黎章矩,程晓建,等. 香榧林地土壤养分、重金属及对香榧子成分的影响. 浙江林学院学报,2006, 23(4): 393~399

[22] 戴文圣,黎章矩,程晓建,等. 香榧林地土壤养分状况的调查分析. 浙江林学院学报,2006, 23(2) : 140~144